Bibliografische Information der Deutschen Nationalbibliothek:

Die Deutsche Bibliothek verzeichnet diese Publikation in der Deutschen National-
bibliografie; detaillierte bibliografische Daten sind im Internet über http://dnb.d-
nb.de/ abrufbar.

Impressum:

Copyright © 2014 GRIN Verlag, Open Publishing GmbH
Druck und Bindung: Books on Demand GmbH, Norderstedt Germany
ISBN: 978-3-668-19823-4

Dieses Buch bei GRIN:

http://www.grin.com/de/e-book/320389/laborpraktikum-zu-bodenmechanik-und-
felsmechanik-praeparation-und-untersuchung

Daniel Slowik

Laborpraktikum zu Bodenmechanik und Felsmechanik. Präparation und Untersuchung von Bodenproben

GRIN Verlag

Laborpraktikum WS 2014/15:   Boden- und Felsmechanik

Thematik: Präparation und Untersuchung diverser Bodenproben

Praktikumsort: Geotechnisches Labor der TFH Bochum

Datum: 13.12.2014

Name des Protokollanten: Daniel Slowik

Inhaltsverzeichnis

1. Einleitung

In diesem Protokoll wird auf die Ergebnisse der unterschiedlichen labortechnischen Untersuchungen eingegangen, welche am 13. Dezember, 2014 im geotechnischen Labor der TFH Bochum durchgeführt wurden. Hierbei wurden unterschiedliche Sand- und Tonproben präpariert und anschließend einschlägig in genormten Verfahren behandelt und untersucht. Die Laborarbeiten und derer Auswertung umfassen hierbei die Ermittlung der Lagerungsdichte, Zustandsgrenzen (Fließgrenze, Ausrollgrenze), Wasseraufnahmefähigkeit, des Glühverlustes und Karbonatgehaltes. Ziel der Untersuchungen ist es Aussagen über die unterschiedlichen Proben zu machen und diese auf den Entnahmeort zu transferieren. Zu beachten ist die Tatsache, dass nicht alle Methoden auf alle Proben anwendbar sind, sondern die genormten Verfahren bestimmten probentypen zuzuordnen sind.

2. Versuchsaufbau und Geräte

2.1 – Lagerungsdichte

Bei diesem Versuch gilt es die Lagerungsdichte einer Bodenprobe, mit Hilfe genormter Utensilien, zu ermitteln. Die Hauptinstrumente für diesen Versuch bilden der Messzylinder, welcher Maße der Norm entsprechend besitzt und Anschlüsse für Schläuche aufweist. Zudem noch die Schlaggabel, welche für die eigentliche Durchführung benötigt wird. Zusätzliche Geräte sind eine Waage zur Gewichtsbestimmung der Probe, ein Trichter zur Ermöglichung der gering-dichtesten Lagerung, ein Lineal zur Oberflächenglättung und ein Anschluss an den Wasserkreislauf zur Unterdruckerzeugung.

Für den Versuch wurde der Trichter in den Messzylinder gehalten und anschließend mit der sandigen Probe befüllt. Unter kreisförmigen Bewegungen wird der Trichter angehoben und auf diese Weise wird die gering dichteste Lagerung simuliert. Überschüssiger Sand wird oben entfernt und so wird eine glatte Oberfläche geschaffen. Anschließend wird die Probe gewogen. Diese Prozedur erfolgt insgesamt viermal und der Mittelwert bildet die Basis für die abschließenden Rechnungen.

Abbildung: 1 – Versuchsaufbau zur Ermittlung der Lagerungsdichte / *Quelle: Technische Universität Dresden (http://tu-dresden.de/die_tu_dresden/fakultaeten/fakultaet_bauingenieurwesen/geotechnik/grundbau/studium/bauinge nieurwesen/bodenmechanik_und_grundbau_biw2_03/lehrmaterial/labor_feldversuche/dateien//Lagerungsdic hten_locker.pdf, S. 1) [Zugriff: 22.12.2014]*

2.2 – Zustandsgrenzen

Der nächste Teil des Praktikums galt der Bestimmung der Zustandsgrenzen. Hierfür lag eine Tonprobe vor, welche mit Wasser präpariert wurde. Für diese Methoden sind nicht viele Geräte und Materialien notwendig. Neben Keramikschälchen und dem Trockenschrank findet hier das Fließgrenzengerät nach Casagrande Einsatz, welches zur endgültigen Ermittlung der Fließgrenze benötigt wird. Dabei wird die Probe mit Wasser vermischt und mehrfach ausgestrichen bis sich eine zähe Konsistenz ergibt. Die Präparation erfolgt rein intuitiv und muss unter Umständen mehrfach durchgeführt werden, bis die gewünschte Konsistenz erreicht ist. Beim Fließgrenzengerät handelt es sich um ein streng genormtes Gerät, welches durch einen Kurbelmechanismus bedient wird. Die Schale aus einer Kupfer – Zink – Legierung wird bei jeder Umdrehung auf eine bestimmte Höhe angehoben und schlagartig fallen gelassen *(siehe Abbildung: 2)*. Durch die Vibrationen soll die Furche im aufgetragenen Ton, nach einer festgelegten Anzahl an Schlägen, auf bis zu 1 cm schrumpfen. Der Wassergehalt spielt hierbei die entscheidende Rolle.

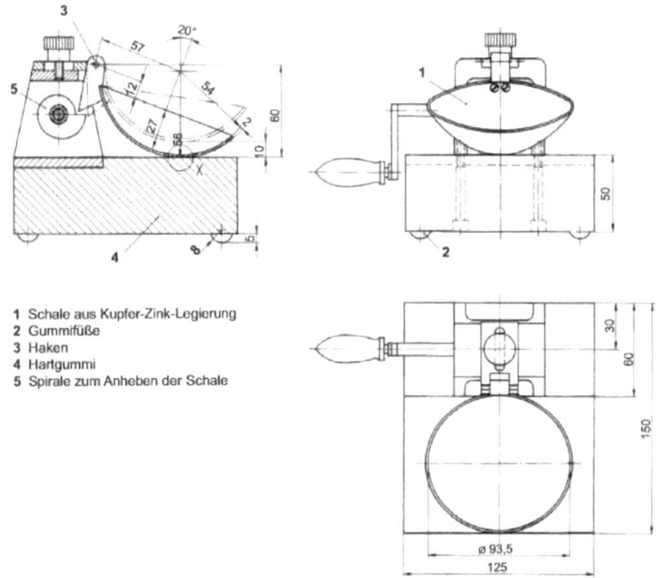

Abbildung: 2 – Fließgrenzengerät nach Casagrande / *Quelle: Technische Universität Darmstadt (http://www.geotechnik.tu-darmstadt.de/media/institut_und_versuchsanstalt_fuer_geotechnik/studiumundlehre_1/musterloesungen/um weltgeotechnik_3/15_-_Labor_und_Feldversuche_12-05-02.pdf, S. 7) [Zugriff: 22.12.2014]*

2.3 – Wasseraufnahmefähigkeit

Zur Ermittlung der Wasseraufnahmefähigkeit einer Probe wird zunächst ein feines Messröhrchen komplett mit Wasser befüllt und in die Horizontale eingehängt. Anschließend wird der passende Aufsatz noch mit Wasser aufgefüllt und am Anfang des Messrohrs platziert (*siehe Abbildung: 3*). Unter idealen Umständen sind beide Komponenten völlig blasenfrei. Präpariert wurden zum einen eine Feinsandprobe und eine schluffige Probe, welche auf exakt 1 g auf der Präzisionswaage aufgewogen wurden. Unter Messung der Zeit mit einer Stoppuhr kann die Wasseraufnahmefähigkeit innerhalb eines Zeitraums sowie die Aufnahme pro Sekunde ermittelt werden.

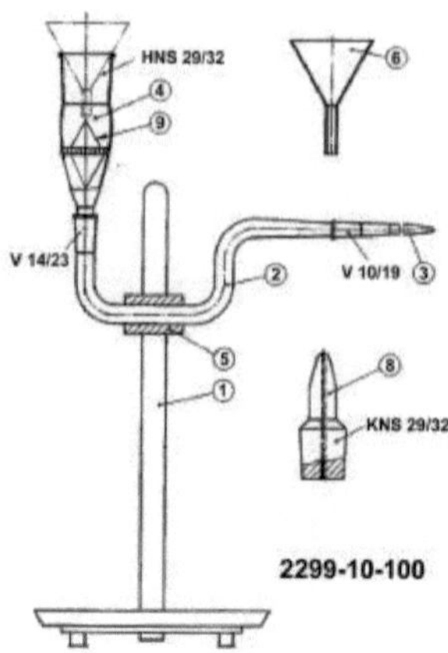

Abbildung: 3 – Annäherung des Aufbaus eines Wasseraufnahmegerätes / Quelle: Webseite (https://www.neubert-glas.de/laborglas/onlineshop/i_Enslin-Gerae_1221482156278-250x325/Wasseraufnahmegeraet.jpg) [Zugriff: 25.12.2014]

2.4 – Glühverlust

Die Präparation der Proben für den Glühverlust beläuft sich auf dem Abwiegen der leeren Behälter sowie der Proben. Dieser Versuch gilt zur Bestimmung des Anteils an organischen Beimengungen. Diese gehen beim Glühen im Muffelofen bei etwa 650°C verloren.

2.5 – Karbonatbestimmung

Für diesen Versuch wird die Karbonatbestimmung mit Hilfe von Salzsäure und einem Gasometer durchgeführt. Dafür wird eine zuvor abgewogene Probe im Gasometer mit Salzsäure versetzt. Dieser Versuch basiert auf der Reaktion von Karbonat mit Salzsäure.

$$CaCO_3 + 2HCl = CaCl_2 + H_2O + CO_2$$

Das Ziel ist die Bestimmung des gesamten Anteils an Karbonat, bezogen auf die Trockenmasse des Bodens. Das bei der Reaktion freiwerdende Kohlendioxid wird bei der gasometrischen Kohlendioxidbestimmung, nach DIN 18129, im Gasometer bestimmt.

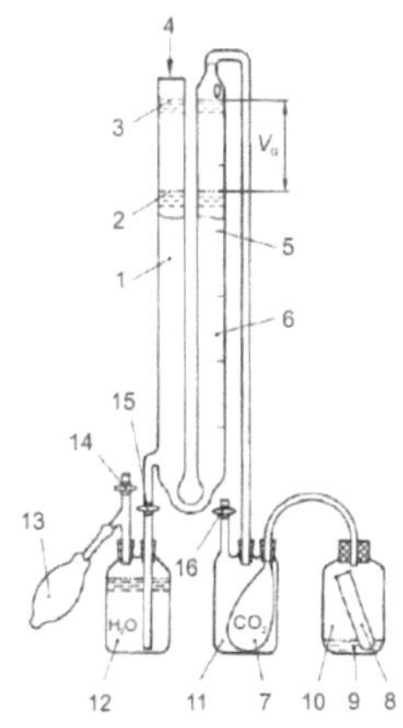

Abbildung: 4 – Genereller Aufbau des Gasometers / *Quelle: Technische Universität Darmstadt (http://www.geotechnik.tu-darmstadt.de/media/institut_und_versuchsanstalt_fuer_geotechnik/studiumundlehre_1/musterloesungen/umweltgeotechnik_3/15_-_Labor_und_Feldversuche_12-05-02.pdf, S. 23) [Zugriff: 22.12.2014]*

3. Versuchsdurchführung

3.1 – Lagerungsdichte

Nachdem die lockerste Lagerung der Sandprobe durch kreisförmige Bewegungen des Trichters erreicht wurde, wird Diese erneut, jedoch in drei Lagen in den Zylinder gegeben. Dabei wird auf jede Lage eine Schicht aus Wasser hinzugegeben. Diese dringt in den Porenraum ein und sorgt für Bewegungen des Sandes, sodass sich die Probe allmählich verdichtet. Durch den Anschluss an den Wasserkreislauf wird durch Schläuche ein Unterdruck hervorgerufen und das Wasser wird am Zylinderboden wieder abgesaugt, sodass am Ende lediglich die Probe verbleibt. Weiterhin wird durch eine Schlaggabel der Wasserfluss sowie die Sandbewegung im Porenraum begünstigt. Ermöglicht wurde es in diesem Versuch durch 25 Doppelschläge innerhalb kürzester Zeit. Dies verleiht dem Versuch auch den Namen „Schlaggabelmethode.'' Die Probe befindet sich nun in der Phase der dichtesten Lagerung. Mit einem Deckel wird der Zylinder abschließend geschlossen welches eine Berechnung des verbleibenden Probenvolumens innerhalb des Zylinders ermöglicht. Der Versuch wird den Abmessungen aller relevanten Größen beendet.

3.2 – Zustandsgrößen

Zunächst wird ein Teil der Tonprobe abgewogen und in den Trockenschrank gegeben, um am Ende der Versuchsreihe den Wassergehalt zu ermitteln. Um die Ausrollgrenze bestimmen zu können wird ein Teil der Probe auf der Handfläche in 2 mm dicke Röllchen ausgerollt, verfaltet und wieder ausgerollt. Diese Prozedur wird solange wiederholt bis die Tonröllchen anfangen aufzureißen. Dann wird die Probe ebenfalls gewogen und in den Trockenschrank gegeben. Dieser Versuch wurde dreimal durchgeführt.

Um die Fließgrenze bestimmen zu können wurde die Probe zunächst mit Wasser versetzt bis sie eine lehmartige Konsistenz aufweist. Dann wurde sie auf die Kupfer-Zink-Schale nach Casagrande aufgestrichen und in der Mitte mit einer Furche versehen. Anschließend wird die Schale in die Apparatur eingehängt und unter Kurbelbewegungen bedient. Bei richtigem Wassergehalt wird durch das rhythmische Schlagen eine Bewegung erzeugt. Dadurch bewegt sich der Ton und die Furche schließt sich allmählich auf bis zu 1 cm. Dieser Versuch wurde insgesamt fünfmal, mit unterschiedlichen Wassergehalten und Schlagzahlen durchgeführt. Die Anzahl an Schlägen betrug abwertend 40-mal, 35-mal, 29-mal, 22-mal und 19-mal mal. Auch hierbei wurde ein Teil jeder Probe, am Ende des Versuchs abgewogen und in den Trockenschrank gegeben, dadurch lässt sich hinterher der Wassergehalt bestimmen.

3.3 – Wasseraufnahmefähigkeit

Die Durchführung dieses Versuchs ist simpel und selbsterklärend. Nachdem das Messröhrchen und der Aufsatz eingehangen und komplett (blasenfrei) mit Wasser aufgefüllt wurden, wird die zuvor um 1,0 g abgewogene Probe oben in den Aufsatz gegeben. Diese beginnt dann Wasser aufzunehmen, sodass sich am Ende der Apparatur eine kleine Luftblase bildet, welche als Anzeiger fungiert, um die aufgenommene Menge an Wasser zu bestimmen. Die Wasseraufnahmefähigkeit beider Proben (Feinsand, Schluff) wurde gegen die Zeit, beginnend bei 0,5 min, gemessen. Die nachfolgende Messung erfolgt nach der doppelten vergangenen Zeit der vorausgehenden Messung. Für den Feinsand endete die Versuchsreihe nach 8 min und für den Schluff nach 4 min.

3.4 – Glühverlust

Hierfür wurden insgesamt drei Proben mitsamt Behälter, bei zunächst 450°C in den Muffelofen gepackt, da bei besonders Organik reichen Proben oder Proben mit einem Kohleanteil ein Eigenpotenzial entsteht, welches die Temperatur deutlich höher treibt. Nach einer unbestimmten Zeitspanne, wenn bereits einiges verglüht ist, wird die Temperatur auf 650°C angehoben. Nach der Brennphase werden die Proben abschließend nachgewogen.

3.5 – Karbonatbestimmung

Die zuvor getrocknete, pulverisierte und abgewogene Probe wird im Gasentwicklungsgefäß mit der 33%igen Salzsäure versetzt. Das dabei entstehende Kohlendioxid wandert in das Aufnahmegefäß und verdrängt dort die Luft. Die äquivalent zum Kohlendioxid verdrängte Luft kann schließlich im Messzylinder gemessen werden. Dabei ist das richtige Handhaben der Ventile entscheidend, damit der Versuch erfolgreich abläuft. Sollte der Spiegel im linken Messzylinder niedriger fallen als auf der rechten Seite, so gilt der Versuch als gescheitert. Es wurde das verdrängte Luftvolumen 30 Sekunden nach Zugabe der Salzsäure und am Ende des Versuchs bestimmt. Für die weiteren Rechnungen wird das arithmetische Mittel beider Werte verwendet. Der Versuch wurde für zwei unterschiedliche Proben durchgeführt, wovon die erste Probe unbekannt ist. Für die zweite Probe wurde der Versuch dreimal durchgeführt, davon fällt der erste Versuch raus, da dieser scheiterte.

4. Messungen und Ergebnisse

<u>4.1 – Lagerungsdichte</u>

Zunächst gilt es das Volumen des Zylinders zu bestimmen. Hierfür wurden die Höhe (h) und der Durchmesser (d) gemessen.

$$V = \pi r^2 * h$$

h   Zylinderhöhe [cm]

     h = 11,35 cm

d   Zylinderdurchmesser [cm]

     d = 7,5 cm

Nach vorausgehender Formel ergibt sich ein Zylindervolumen von 501,43 cm³. Das Gewicht liegt bei 937,21 g. Das einfüllen der Probe in gering dichtester Lagerung wurde viermal durchgeführt.

Probennummer (Sand)	Zylindergewicht + Probengewicht [in g]	Probengewicht [in g]
1	1572,15	634,94
2	1571,47	634,26
3	1568,52	631,31
4	1568,98	631,77

Tabelle: 1 – Probengewicht aller vier Durchläufe / *Quelle: Eigene Darstellung*

Nach folgender Formel ergibt sich das arithmetische Mittel von 633,07 g für das Probengewicht:

$$\bar{x}_{arithm} = \frac{1}{n}\sum_{i=1}^{n} x_i = \frac{x_1 + x_2 + \cdots + x_n}{n}$$

Am Ende des Verdichtungsprozesses wurde der Zylinder mit einem Deckel geschlossen. Aus dem Volumen des Verschlusses und der Eindringtiefe in den Zylinder lässt sich die maximale Lagerungsdichte errechnen. Der Verschluss weist einen Durchmesser (d) von 7,5 cm und eine Höhe (h) von 1,5 cm auf. Das Volumen des zylinderförmigen Deckels beläuft sich auf 66,27 cm³. Da der Deckel nicht eben, auf der Probe im Zylinder liegt, wurde aus den beiden Verschlussenden das arithmetische Mittel errechnet. So ragte der Verschluss 0,7 cm und

0,35 cm aus dem Zylinder heraus. Daraus ergibt sich ein Eindringen des Deckels in den Zylinder, um 43,08 cm³ und dadurch eine Verdichtung der Probe um diesen Faktor.

$$V_{nach\ der\ Verdichtung} = V_{vor\ der\ Verdichtung} - V_{eingedrungener\ Deckel}$$

Hieraus ergibt sich das Neuvolumen von 458,35 cm³. Damit lässt sich die maximale Lagerungsdichte p_{dmax} [in g/cm³] nach folgender Formel berechnen:

$$p_{dmax} = \frac{\overline{m}}{V_{nach\ der\ Verdichtung}}$$

$\overline{m}$ arithmetisches Mittel der Probenmasse [in g]

$\overline{m}$ = 633,07 g

$V_{nach\ der\ Verdichtung}$ Probenvolumen nach der Verdichtung [in cm³]

$V_{nach\ der\ Verdichtung}$ = 458,35 cm³

Es ergibt sich eine maximale Lagerungsdichte von <u>1,38 g/cm³</u>.

Art der Probe	Reine Probe	Ausgeroll ter Ton	Ausgeroll ter Ton	Ausgeroll ter Ton	unter Schlag 40x	unter Schlag 35x	unter Schlag 29x	unter Schlag 22x	unter Schlag 19x
Trockengewicht in [g]	20,62	0,91	1,25	2,25	6,81	6,06	7,95	7,38	9,15
Schalengewicht + Trockengewicht in [g]	55,71	32,09	34,36	34,95	38,83	38,96	40,07	64,7	65,87
Probengewicht in [g]	26,3	1,12	1,54	2,72	10,19	9,06	12,01	11,28	14,12
Schalengewicht + Probengewicht in [g]	61,39	32,3	34,65	35,42	42,21	41,96	44,13	68,6	70,84

Tabelle: 2 – Gewichtsdaten der Tonproben / *Quelle: Eigene Darstellung*

Aus den Gewichtsmessungen vor und nach dem trocknen ergibt sich der Wassergehalt W_N [in %], der einzelnen Proben, aus folgender Formel:

$$W_N = 100\% - \left(\frac{100\%}{m} * m_{trocken}\right)$$

Art der Probe	Wassergehalt [in %]	Wassergehalt [in g]
Reine Probe	21,60	5,68
Ausgerollter Ton	18,75	0,21
Ausgerollter Ton	18,83	0,29
Ausgerollter Ton	17,28	0,47
unter Schlag 40x	33,17	3,38
unter Schlag 35x	33,11	3,00
unter Schlag 29x	33,81	4,06
unter Schlag 22x	34,57	3,90
unter Schlag 19x	35,20	4,97

Tabelle: 3 – Wassergehalt der einzelnen Proben / *Quelle: Eigene Darstellung*

Hieraus ergibt sich der tatsächliche Wassergehalt von 21,60 % für die Tonprobe. Der Wassergehalt bei den Proben der Ausrollgrenze liegt zwischen 17,28 % und 18,83 % und damit unter dem eigentlichen Wassergehalt der Probe. Für die Proben der Fließgrenzenbestimmung lässt sich zudem, die Fließgrenze nach Lambe W_L, aus folgender Formel errechnen:

$$W_L = W_N * \left(\frac{N}{25}\right)^{0,121}$$

W_L Fließgrenze nach Lambe [in % oder g]

W_N Wassergehalt [in % oder g]

N   Anzahl der Schläge

Art der Probe	Fließgrenze nach Lambe [in %]	Fließgrenze nach Lambe [in g]
Reine Probe		
Ausgerollter Ton		
Ausgerollter Ton		
Ausgerollter Ton		
unter Schlag 40x	35,11	3,58
unter Schlag 35x	34,49	3,12
unter Schlag 29x	34,42	4,13
unter Schlag 22x	34,04	3,84
unter Schlag 19x	34,05	4,81

Tabelle: 4 - Fließgrenzen nach Lambe [in % und g] / *Quelle: Eigene Darstellung*

Aus den Tabellen lässt sich herauslesen, dass die Fließgrenze erst nach einer Zunahme um 50 %, des ursprünglichen Wassergehaltes, erreicht ist. Der Wassergehalt der Probe ist damit signifikant von der Fließgrenze entfernt.

4.3 – Wasseraufnahmefähigkeit

In diesem Versuch wurde das Wasseraufnahmevermögen zweier 1,0 g Proben gegen die Zeit gemessen. Daraus ergeben sich folgende Werte für den Feinsand:

Probe: Feinsand (1,0g)

Wasseraufnahme nach... [sek]	[in ml]	Wasseraufnahme in [%]	Aufnahmegeschwindigkeit in [ml/s]
30	0,105	10,5	0,0035
60	0,14	14	0,0023
120	0,16	16	0,0013
240	0,18	18	0,0008
480	0,19	19	0,0004

Tabelle: 5 – Ergebnisse der Wasseraufnahmefähigkeit des Feinsandes – *Quelle: Eigene Darstellung*

Hier zeigt sich, dass der Feinsand zunächst schnell Wasser aufnimmt und sich das Aufnahmevermögen über die Zeit hinweg verlangsamt. Nach den ersten 30 Sekunden hat die Probe etwa 10% des Eigengewichts an Wasser aufgenommen. Über den Zeitraum von

480 Sekunden stabilisiert sich die Wasseraufnahme und die Probe nahm rund 19% des Eigengewichts an Wasser auf.

Für den Schluff zeigt sich wie zu erwarten derselbe Trend:

Probe: Schluff (1,0g)

Wasseraufnahme nach... [sek]	[in ml]	Wasseraufnahme in [%]	Aufnahmegeschwindigkeit in [ml/s]
30	0,36	36	0,0120
60	0,47	47	0,0078
120	0,48	48	0,0040
240	0,485	48,5	0,0020

Tabelle: 6 – Ergebnisse der Wasseraufnahmefähigkeit der Schluffprobe – *Quelle: Eigene Darstellung*

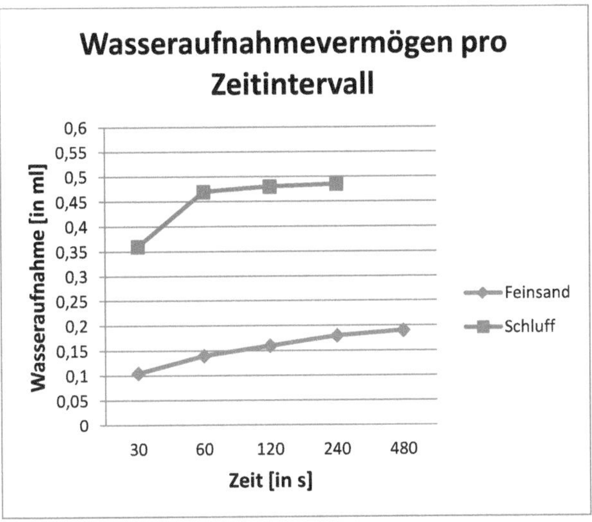

Diagramm: 1 – Vergleich der Wasseraufnahme von Feinsand und Schluff – *Quelle: Eigene Darstellung*

Die Schluffprobe nimmt Wasser wesentlich schneller auf als der Feinsand. Wie sich in Tabelle 6 erkennen lässt liegt die Wasseraufnahme nach 30 Sekunden bereits 3 ½-mal höher, als beim Feinsand. Dafür stabilisiert sich die Aufnahme auch schneller, sodass die Wasseraufnahme nach etwa 4 Minuten nahezu stoppt. Nach 4 Minuten hat der Schluff rund 50% des Eigengewichts an Wasser aufgenommen. Damit liegt der Wert weiterhin rund dreimal höher als beim Feinsand.

<u>4.4 – Glühverlust</u>

Gefäßgewicht + Probengewicht [in g]	Probengewicht in [g]	
84,0604	40,2952	
83,2457	36,837	
84,9331	36,8448	
Gefäßgewicht + Probengewicht nach dem Glühen [in g]	Trockengewicht in [g]	Glühverlust in [%]
83,8324	40,0672	0,57
82,8796	36,4709	0,99
84,5767	36,4884	0,97

Tabelle: 7 – Gewicht der Proben vor und nach dem Glühen / *Quelle: Eigene Darstellung*

Nachdem die Proben für rund 1 Stunde im Muffelofen waren, zeigt sich ein Glühverlust V_{gl}[in %] zwischen ½ % und 1 % an organischem Material. Da es sich um sandige Proben handelt sprechen die Werte für einen schwach humosen Sand (siehe Abbildung: 5). Der Glühverlust [in %] ergibt sich nach folgender Formel:

$$V_{gl} = \left(\frac{m_{vg} - m_{ng}}{m_{vg}} \right) * 100$$

V_{gl} Glühverlust [in %]

m_{vg} Masse der Probe vor dem Glühen

m_{ng} Masse der Probe nach dem Glühen

Benennung nach DIN 4022	Sand und Kies Humusgehalt, Massenanteil in %	Ton und Schluff Humusgehalt, Massenanteil in %
schwach humos	1 bis 3	2 bis 5
humos	3 bis 5	5 bis 10
stark humos	über 5	über 10

Abbildung: 5 – Glühverlust Benennung nach DIN 4022 / *Quelle: Technische Universität Darmstadt (http://www.geotechnik.tu-darmstadt.de/media/institut_und_versuchsanstalt_fuer_geotechnik/studiumundlehre_1/musterloesungen/umweltgeotechnik_3/15_-_Labor_und_Feldversuche_12-05-02.pdf, S. 22) [Zugriff: 22.12.2014]*

<u>4.5 – Karbonatbestimmung</u>

Die Karbonatbestimmung wurde für eine uns unbekannte Probe durchgeführt sowie zweifach für unsere bekannte Probe. Auch hierfür wurde zunächst das Gewicht bestimmt. Im Versuch selbst wurde schließlich das Volumen der Kohlendioxidentwicklung, 30 Sekunden nach Versuchsbeginn und am Ende des Versuchs, bei der Gleichgewichtsherstellung in beiden Messzylindern, gemessen. Die Messwerte sind der Tabelle 8 zu entnehmen.

Probennummer	Probengewicht in [g]	nach 30 Sek [in cm³]	am Ende der Messung [in cm³]	Mittelwert des Volumens nach 30s und Versuchsende
1 (Unbekannte Probe)	0,411	90	93,2	91,6
2	0,297	58	65,8	61,9
3	0,2633	52,8	58,4	55,6

Tabelle: 8 – **Messergebnisse der Kohlendioxidentwicklung im Gasometer** / *Quelle: Eigene Darstellung*

Bereits hier lässt sich erkennen, dass beide Proben einen hohen Gehalt an Karbonat besitzen, da die Reaktion sehr zügig und aggressiv abläuft. Die Gasentwicklung ist zudem sehr hoch, trotz der geringen Probenmenge. Die unbekannte Probe scheint hierbei einen höheren Karbonatgehalt aufzuweisen, da der Versuch etwas aggressiver verläuft. Mit Hilfe der Messwerte des Gasometers, lässt sich daraus das genaue Volumen des Kohlendioxids nach folgender Formel berechnen, da dieses sowohl temperatur- als auch druckabhängig ist.

$$V_0 = \frac{p_{abs} * V_a}{p_n * (273 + T) * \beta} \ [cm^3]$$

V_0 Volumen des Kohlendioxids [in cm³]

p_{abs} absoluter Luftdruck an der Versuchsstelle [in hPa] $p_{abs} = 1008 \ hPa$

V_a abgelesenes Gasvolumen [in cm³]

p_n Normaldruck $p_n = 100 \ kPa = 1000 \ hPa$

T   Temperatur an der Versuchsstelle [in °C] T = 19,5°C

β Ausdehnungskoeffizient für $CO_2 \ [K^{-1}]$ β = $\frac{1}{268,4} K^{-1}$

Daraus ergeben sich folgende Werte für alle drei Proben, nach 30 Sekunden, am Ende des Versuchs und für den ermittelten Mittelwert.

Probennummer	Volumen des CO2-Gases [in cm³] nach 30 Sekunden	Volumen des CO2-Gases [in cm³] am Versuchsende	Volumen des CO2-Gases [in cm³] Mittelwert
1	83,25	86,21	84,73
2	53,65	60,86	57,25
3	48,84	54,02	51,43

Tabelle: 9 - CO_2-Volumen aller drei Versuche, nach 30 Sek., am Versuchsende und aus dem Mittelwert / *Quelle: Eigene Darstellung*

Mit Hilfe des genauen Volumens des Kohlendioxids lässt sich die Masse des gesamten Karbonatanteils m_{ca}, nach folgender Formel bestimmen:

$$m_{ca} = V_0 * p_a * M \ [g]$$

m_{ca} Masse des gesamten Karbonatanteils [in g]

p_a Dichte des $CO_2 - Gases\ (Normzustand)\ p_a = 0,001977\ g/cm^3$

M   Verhältniszahl der molaren Massen von $CaCO_3\ und\ CO_2$ M = 2,274

Probennummer	Masse des Karbonatanteils [in g] nach 30 Sekunden	Masse des Karbonatanteils [in g] am Versuchsende	Masse des Karbonatanteils [in g] aus dem Mittelwert
1	0,37	0,39	0,38
2	0,24	0,27	0,26
3	0,22	0,24	0,23

Tabelle: 10 – Masse des Karbonatanteils aller Proben und Versuche / *Quelle: Eigene Darstellung*

Zu guter Letzt lässt sich nun aus Masse des gesamten Karbonatanteils und der Trockenmasse der Kalkgehalt bestimmen. Dieser ergibt sich für alle Proben aus folgender Formel:

$$V_{ca} = \frac{m_{ca}}{m_d} * 100 \ [\%]$$

Probennummer	Karbonatanteil [in %] nach 30 Sekunden	Karbonatanteil [in %] am Versuchsende	Karbonatanteil [in %] aus dem Mittelwert
1	90,02	94,89	92,46
2	80,81	90,91	87,54
3	83,55	91,15	87,35

Tabelle: 11 – Prozentualer Karbonatanteil an der Gesamtmasse / *Quelle: Eigene Darstellung*

Für alle Proben lässt sich ein signifikanter Anteil an Karbonat bestimmen, welcher die aggressive und rasche Reaktion begründet. Mit prozentualen Anteilen von 80 % bis über 90 % sind alle Proben sehr stark karbonathaltig.

5. Zusammenfassung und Interpretation

5.1 – Lagerungsdichte

Beim Versuch der Lagerungsdichte galt es die maximale Lagerungsdichte einer Sandprobe zu ermitteln. Hierfür wurde die Sandprobe in der lockersten Lagerung in einen genormten Zylinder gefüllt. Durch das Zufügen von Wasser, der Absaugung des Wassers am Zylinderboden über Unterdruck und der Vibrationserzeugung über eine Schlaggabel wurde der Sand in seine dichteste Lagerung überführt. Durch einen zylinderförmigen Verschluss wurde das Kompressionsvolumen ermittelt. Das Volumen hat sich hierbei um weniger als 10 % verkleinert. Die maximale Lagerungsdichte beträgt 1,38 g/cm³. Dieser Versuch ist ein simpler Versuch ohne viele Fehlerquellen, daher sind die Ergebnisse als glaubhaft einzuordnen. Lediglich durch zu schwache Schläge ohne zu wenig Wasser kann die maximale Lagerungsdichte etwas von den Ergebnissen abweichen.

5.2 – Zustandsgrenzen

Bei dieser Versuchsreihe galt es sowohl die Ausrollgrenze als auch die Fließgrenze zu bestimmen. Dabei wurden für die Ausrollgrenze Proben gerollt, gefaltet und wieder gerollt bis sich eine Rissbildung andeutete. Hierbei handelt es sich um eine rein objektive Einschätzung, daher sind die Werte nicht absolut. Um diesem etwas entgegenzuwirken wurde der Versuch dreimal gemacht. Auf diese Weise vermindert sich der Abweichfaktor des Realwertes. Die nach dem trocknen der Probe ermittelte Trockenmasse, wird zu den Gewichtsmessungen, zu Beginn des Versuchs in Kontrast gebracht. Daraus lässt sich der Wassergehalt an der Ausrollgrenze bestimmen. Dieser liegt für die Tonprobe zwischen 17,28 % und 18,83 %. Die Abweichung von etwa 1,5 % kann als kleiner Abweichfehler angesehen werden. Die Reinprobe wies einen Wassergehalt von 21,60 % auf und liegt damit höher als die Ausrollgrenze.

Für die Fließgrenze wurde das Verfahren nach Casagrande angewendet. Die Probe wurde hierfür mit Wasser versetzt und auf einer Schale ausgestrichen, gefurcht und mit Schlägen zum zusammenfließen gebracht. Da auch hier die Vorbereitung mit dem Wasser, die Anzahl der Schläge und die 1 cm Furchenabmessung, reines Augenmaß bzw. Feingefühl sind, sind die Werte nicht absolut, sondern Näherungen. Dies macht sich auch an Ergebnissen des Wassergehaltes bemerkbar, da diese nicht in direkter Proportionalität stehen. Die Werte reichen von 35,20 % für die niedrigste Schlagzahl bis 33,17 % für die höchste Schlagzahl. Alle Werte sind deutlich höher als der Wassergehalt der unbearbeiteten Reinprobe.

5.3 – Wasseraufnahmefähigkeit

Für diesen Versuch wurde die Fähigkeit der Wasseraufnahme zweier 1,0 g schwerer Proben ermittelt. In einem vollends mit Wasser gefüllten System wurde die Probe hineingegeben und die Aufnahmefähigkeit gegen die Zeit gemessen. Hier zeigt die oberflächengrößere Schluffprobe einen raschen und steilen Anstieg an der Aufnahme von Wasser, welches sich schnell stabilisiert und gegen Null einpendelt.

Bei der Sandprobe ist die eine stetige und länger anhaltende Wasseraufnahme festzustellen. Die Wasseraufnahme ist generell geringer, welches anhand der geringeren Oberflächengröße nicht verwunderlich ist. Der unterschiedliche Anstieg lässt sich eventuell durch die Auftragung der Probe erklären, da der Schluff relativ gleichmäßig auf der Wasseroberfläche verteilt wurde, während der Sand am Gefäßrand angehäuft war. Auf diese Weise kann nicht sofort viel Wasser aufgenommen werden, sondern wird stetig aufgesaugt.

5.4 – <u>Glühverlust</u>

Bei diesem Versuch wurde der im Muffelofen verglühte organische Massenanteil gegen die Gesamtmasse gemessen. Aus dem Massenverlust lässt sich der ursprüngliche organische Anteil berechnen. Bei diesem direkten und simplen Versuch ist die eventuell zu kurze Zeit im Muffelofen ein möglicher Fehlerfaktor, da nicht alles an Organik verglühen konnte. Für die Proben ergab sich ein Glühverlust von etwa einem halben Prozent bis 1 %, welcher einen geringen Anteil ausmacht. Die Proben sind daher als schwach humose Sande einzustufen.

5.5 – <u>Karbonatbestimmung</u>

In diesem Versuch wurde für eine uns unbekannte und eine bekannte Probe, die Kohlendioxidentwicklung aus der Reaktion von Karbonat und 33 prozentiger Salzsäure betrachtet. Durch den Kontakt der Salzsäure mit der trockenen und pulverisierten Probe wird Kohlendioxid frei, welcher äquivalent Luft im Auffanggefäß verdrängt. Diese ist im Messzylinder messbar und wird für die tatsächliche Kalkanteilbestimmung verwendet. Da es sich bei allen Werten um Fixwerte bzw. Ablesewerte handelt, liegt ein möglicher Fehler lediglich in der unsauberen Durchführung und dem fehlerhaften ablesen der Werte. Für alle Durchgänge wurde das Volumen der verdrängten Luft 30 Sekunden nach Kontakt mit der Salzsäure und am Versuchsende gemessen. Für diese beiden Größen und dem resultierenden Mittelfaktor wurde das tatsächliche Kohlendioxidvolumen bestimmt, da dieser temperatur- und druckabhängig ist. Mit Hilfe des Realwertes konnte der Massenanteil an Gesamtkarbonat errechnet werden sowie der prozentuale Kalkanteil, welcher mit 80 % bis über 90 % sehr hoch ausfällt. Dies belegt jedoch die aggressive und schnell ablaufende Reaktion der beiden Proben bzw. der drei Durchgänge.

6. Abbildungsverzeichnis

1.) **Abbildung: 1 – Versuchsaufbau zur Ermittlung der Lagerungsdichte /** *Quelle: Technische Universität Dresden (http://tu-dresden.de/die_tu_dresden/fakultaeten/fakultaet_bauingenieurwesen/geotechnik/grundba u/studium/bauingenieurwesen/bodenmechanik_und_grundbau_biw2_03/lehrmaterial/labor _feldversuche/dateien//Lagerungsdichten_locker.pdf, S. 1) [Zugriff: 22.12.2014]*

2.) **Abbildung: 2 – Fließgrenzengerät nach Casagrande /** *Quelle: Technische Universität Darmstadt (http://www.geotechnik.tu-darmstadt.de/media/institut_und_versuchsanstalt_fuer_geotechnik/studiumundlehre_1/mu sterloesungen/umweltgeotechnik_3/15_-_Labor_und_Feldversuche_12-05-02.pdf, S. 7) [Zugriff: 22.12.2014]*

3.) ***Abbildung: 3 – Annäherung des Aufbaus eines Wasseraufnahmegerätes /*** *Quelle: Webseite (https://www.neubert-glas.de/laborglas/onlineshop/i_Enslin-Gerae_1221482156278-250x325/Wasseraufnahmegeraet.jpg) [Zugriff: 25.12.2014]*

4.) **Abbildung: 4 – Genereller Aufbau des Gasometers /** *Quelle: Technische Universität Darmstadt (http://www.geotechnik.tu-darmstadt.de/media/institut_und_versuchsanstalt_fuer_geotechnik/studiumundlehre_1/mu sterloesungen/umweltgeotechnik_3/15_-_Labor_und_Feldversuche_12-05-02.pdf, S. 22) [Zugriff: 22.12.2014]*

5.) **Abbildung: 5 – Glühverlust Benennung nach DIN 4022 /** *Quelle: Technische Universität Darmstadt (http://www.geotechnik.tu-darmstadt.de/media/institut_und_versuchsanstalt_fuer_geotechnik/studiumundlehre_1/mu sterloesungen/umweltgeotechnik_3/15_-_Labor_und_Feldversuche_12-05-02.pdf, S. 22) [Zugriff: 22.12.2014]*

7. Diagrammverzeichnis

1.) **Diagramm: 1 – Vergleich der Wasseraufnahme von Feinsand und Schluff –** *Quelle: Eigene Darstellung*

8. Tabellenverzeichnis